Padma Shree Vankar
Dhara Shukla

Tingimento inovador de seda à temperatura ambiente com Rubia

Padma Shree Vankar
Dhara Shukla

Tingimento inovador de seda à temperatura ambiente com Rubia

ScienciaScripts

Imprint

Cover image: www.ingimage.com

This book is a translation from the original published under ISBN 978-620-2-30238-8.

Publisher:
Sciencia Scripts
is a trademark of
Dodo Books Indian Ocean Ltd. and OmniScriptum S.R.L publishing group

120 High Road, East Finchley, London, N2 9ED, United Kingdom
Str. Armeneasca 28/1, office 1, Chisinau MD-2012, Republic of Moldova, Europe
Managing Directors: Ieva Konstantinova, Victoria Ursu
info@omniscriptum.com

Printed at: see last page
ISBN: 978-620-8-54241-2

Resumo

Os corantes naturais são maioritariamente utilizados no tingimento de têxteis de fibras naturais para melhorar as suas caraterísticas ecológicas. Para uma utilização comercial bem sucedida dos corantes naturais, é necessário adotar técnicas de tingimento adequadas e normalizadas. As técnicas ou procedimentos científicos adequados têm de ser derivados de estudos científicos sobre métodos de tingimento, variáveis do processo de tingimento, cinética do tingimento e compatibilidade de corantes naturais selectivos com uma utilização mínima de produtos químicos perigosos.

No presente estudo, diferentes enzimas (protease, amilase, xilanase, pectinase, fitase) foram utilizadas eficazmente com o corante Rubia através de processos simultâneos e de duas etapas, tendo ambos os processos sido desenvolvidos com o objetivo de conservar o tempo e a energia, para facilitar a sua utilização industrial. Os destaques da investigação são dois: a) tingimento natural ecológico utilizando enzimas em substituição de mordentes metálicos e b) tingimento à temperatura ambiente, que é um conceito completamente novo.

As experiências mostraram que o tratamento enzimático pode dar uma boa intensidade de cor ao tecido de seda utilizando Rubia como fonte de corante e tem um bom potencial para o tingimento comercial. Trata-se de um corante não tóxico. A utilização de enzimas foi uma tentativa deliberada de evitar a mordedura de metais no tingimento de seda, uma vez que tornaria o tingimento de têxteis mais amigo do ambiente. Verificou-se que a ordem de reatividade das enzimas num processo de uma etapa era Protease> Fitase> Xilanase> Amilase> Pectinase.

Do mesmo modo, para o processo de tingimento em duas etapas, a ordem de reatividade das enzimas no processo em duas etapas observada foi Protease>Amilase> Xilanase= Pectinase> Fitase. A enzima protease foi a melhor opção em ambos os casos. De um modo geral, pode concluir-se que, no caso do tratamento enzimático, o processo de duas fases foi melhor em termos de valores K/S mais elevados, valores de coordenadas de cor e aderência do corante.

Foi introduzido um novo domínio da técnica de tingimento à

temperatura ambiente.

No presente estudo, diferentes enzimas (protease, amilase, xilanase, pectinase, fitase) foram utilizadas eficazmente com o corante Rubia através de processos simultâneos e de dois passos, ambos os processos foram desenvolvidos com o objetivo de conservar o tempo e a energia, o que facilitará o tingimento industrial. Os destaques da investigação são dois - a) Tingimento natural ecológico utilizando a enzima em substituição do mordente metálico e b) Tingimento à temperatura ambiente, que é um conceito completamente novo.

Em termos gerais, a facilidade de utilização para aplicações industriais, o corante Rubia foi utilizado em conjunto com diferentes enzimas para mostrar que o mordente metálico pode ser facilmente substituído pela utilização de enzimas ecológicas e biodegradáveis. A caraterística mais atractiva desta investigação é o tingimento a baixa temperatura, a 30-40°C. Para qualquer tinturaria, este processo pode ser facilmente adaptado a uma máquina de jigger, a um guincho ou mesmo a uma máquina de enchimento contínuo. As boas propriedades de solidez e a aderência do corante foram o outro destaque deste trabalho.

Palavras-chave- Corante de Rubia, Tingimento à temperatura ambiente, Enzimas, Seda e Solidez da cor

CAPÍTULO 1

Introdução

Os corantes naturais são maioritariamente utilizados no tingimento de têxteis de fibras naturais para melhorar as suas caraterísticas ecológicas. Para uma utilização comercial bem sucedida dos corantes naturais, é necessário desenvolver e adotar técnicas de tingimento inovadoras e normalizadas. Também foi sentida a necessidade de reinvestigar e reconstruir os processos tradicionais de tingimento natural para controlar cada tratamento e processo de pré-tingimento (preparação, mordente) e as variáveis do processo de tingimento para produzir tons invulgares com solidez de cor equilibrada e têxteis com desempenho ecológico (Samantaa e Agarwal, 2009). A utilização de enzimas na indústria têxtil é um exemplo de biotecnologia industrial, que permite o desenvolvimento de de tecnologias amigas do ambiente no processamento de fibras e estratégias para melhorar a qualidade do produto final (Shahid e Mohammad, 2013). Diferentes tipos de enzimas estão a ser normalmente utilizados em várias fases do processamento têxtil para a modificação das propriedades físicas e químicas da superfície ou para a introdução de grupos funcionais na superfície das fibras têxteis (Araujo *et al.*, 2008).

O tratamento enzimático é um processo seguro e amigo do ambiente que está a ser utilizado para a modificação da superfície do tecido (Cui *et al.*, 2009). É um dos métodos mais eficazes para melhorar a qualidade do produto final, melhorando as propriedades hidrofílicas do tecido juntamente com uma modificação substancial da suavidade e do toque do tecido (Fakin *et al.*, 2006) (Wavhal e Balasubramanya, 2011). Este é um facto muito importante no tingimento da seda. O tingimento parece estar a melhorar mesmo com a utilização da proteína caseína (Tsatsaroni *et al.*, 1998). Tingimento natural ecológico de fios de lã usando ambos os mordentes juntamente com pré-tratamento enzimático (Bulut *et al.*, 2013) o fio de lã foi tingido com polpa de rosa industrial de Isparta. O fio de lã foi processado com Savinase 16L, uma enzima protease, e depois tingido com biomordentes como o ácido cítrico, o ácido tânico e o ácido acético, bem como com mordentes metálicos. Os resultados mostraram que o fio pré-tratado com a enzima protease apresentou maior capacidade de tingimento e valores de pilling sem perda excessiva de peso ou resistência.

A otimização do pré-tratamento de proteases no tingimento natural de lã usando a metodologia de superfície de resposta pode ser benéfica (Nazari *et al.*, 2014). Os tecidos de lã foram pré-tratados com a protease comercial em diferentes concentrações para diferentes intervalos de tempo. O pré-tratamento optimizado de proteases nas superfícies de lã demonstrou uma melhoria considerável da absorção de madder e cochonilha e minimizou os danos. Do mesmo modo, foi demonstrada a importância dos bioprocessos e dos processos químicos suaves, os chamados processos de "química suave" (Onar e Sarii§ik, 2005).

Outro exemplo de tingimento de lã onde as influências da enzima no desempenho de tingimento de lã com pigmento natural sappan-wood foi estudado por (Zhang *et al.*,2011). Analisando o espetro de absorvância da madeira de sappano e comparando a lã modificada com a lã não modificada no valor K/S e na solidez após o tingimento direto e o tingimento pós-mordente, foram avaliadas as influências da modificação com protease e *Transgluta minase* no desempenho do tingimento da lã com pigmento natural de madeira de sappano.

O desenvolvimento de pré-tratamentos eficientes assistidos por enzimas poderia melhorar a capacidade de sorção de corantes naturais e a solidez da cor das fibras. As enzimas podem facilitar a difusão e a adsorção de corantes naturais na superfície e no interior da fibra, actuando especialmente ao nível da superfície (camada de cutícula), modificando os pontos de acesso aos corantes. Outro benefício da aplicação dos tratamentos enzimáticos é a potencial redução do consumo de energia do processo de tingimento que poderia derivar da redução da temperatura do banho permitida por uma maior afinidade induzida pela enzima dos substratos têxteis (Alina *et al.*, 2016)

Assim, a partir dos exemplos acima mencionados, revela-se que várias enzimas, para além das proteases, tais como celulases (Hebeish *et al.*, 2009), (Shafie *et al.*, 2009) pectinases (Klug-Santner *et al.*, 2006), xilanases (Battan *et al.*, 2012) e amilases, estão a ser utilizadas para o biotratamento de tecidos.

Do mesmo modo, a celulase é considerada uma enzima

importante na indústria têxtil devido às suas capacidades de lavagem de pedra, bio-polimento e bio-acabamento (Shafie *et al.*, 2009) (Wavhal e Balasubramanya, 2011).

Foi demonstrada a utilização de enzimas em fibras naturais utilizando corantes naturais como corante (Vankar e Shanker, 2008), (Vankar *et al.*, 2007). Até o extrato de Rubia foi tratado com biomordente noutro estudo para mostrar a utilização potencial de biomordente (Vankar *et al.*, 2008) que produziu tecidos tingidos de laranja-avermelhado. O extrato de hexano da *R. cordifolia* deu origem a uma fração, **III**, enquanto o extrato de clorofórmio deu origem a cinco fracções - **IV, V, VI, VII e VIII**. Cada um dos componentes de cor isolados dos caules da *Rubia cordifolia* apresentou um espetro visível caraterístico de uma antraquinona. Uma vez que as estruturas de **III-VII** mostram grupos hidroxilo vicinais, bem como grupos carbonilo presentes na maioria deles, o Al no biomordente mostra uma boa quelação. Interações semelhantes podem também ser previstas para as interações enzimáticas. O modo de ação exato não é conhecido, mas presume-se que a estrutura do corante desempenha um papel na reatividade corante-enzima.

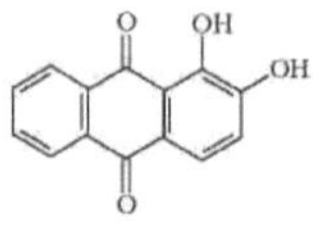

(III)

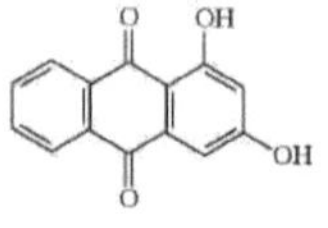

(IV)

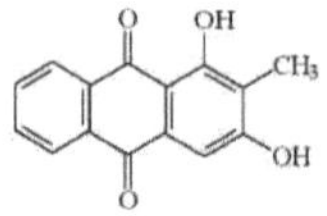

(V)

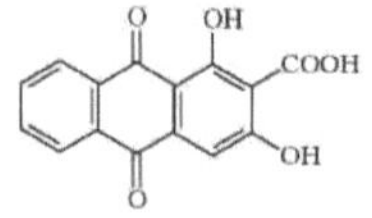

(VI)

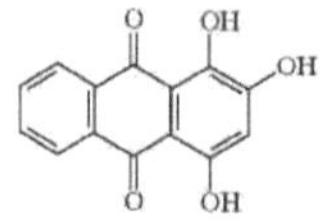

(VII)

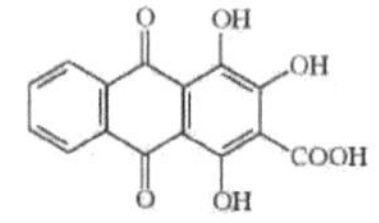

(VIII)

O composto **III** foi obtido como cristais vermelho-púrpura, m.p. 277-278 °C. Vis $_{\lambda max}$ (MeOH) nm: 431, UV $_{\lambda max}$ (MeOH) nm: 245, 260, 271, 331; IR $_{vmax}$ (KBr) cm^{-1}: 3338 (-OH), 1662, 1628 (- C=O), 1580 (aromático -C=C-); MS: m/z 240 (M^+). O composto foi identificado como alizarina com base nos valores da literatura.

O composto **IV** foi obtido como cristais avermelhados, m.p. 270-273 °C. Vis $_{\lambda max}$ (MeOH) nm: 425; IR $_{vmax}$ (KBr) cm^{-1}: 3310 (-OH), 1660, 1625 (- C=O), 1580 (aromático -C=C-);MS: m/z 240 (M^+). O composto foi identificado como 1,3-dihidroxi-antraquinona com base nos valores da literatura.

O composto **V** foi obtido como agulhas amarelas; m.p. 243-244 °C. Vis λ_{max} (MeOH) nm: 407, UV λ_{max} (MeOH) nm: 245, 275, ; IR v_{max} (KBr) cm^{-1}: 3400 (-OH), 1660, 1620 (-C=O), 1585, 1555 (aromático -C=C-); MS: m/z 254 (M^+). O composto foi identificado como rubiadina com base nos valores da literatura.

O composto **VI** foi obtido sob a forma de agulhas amarelas; m. p. 225-226 °C. Vis λ_{max} (MeOH) nm: 415, UV λ_{max} (MeOH) nm: 245, 285;IR v_{max} (KBr) cm b 3400 (-OH), 1675, 1650, 1630 (-C=O), 1594, 1585 (C=C aromático); MS: m/z 284 (M^+). O composto foi identificado como munjistina com base nos valores da literatura.

O composto **VII** foi obtido como agulhas avermelhadas; m. p.253-256 °C. Vis λ_{max} (MeOH) nm: 485, 512; IR v_{max} (KBr) cm^{-1}: 3400 (-OH), 1675, 1650, 1630 (-C=O), 1594, 1585 (C=C aromático); MS: m/z 256 (M^+). O composto foi identificado como purpurina (1,2,4-tri-hidroxiantraquinona) com base em valores da literatura.

O composto **VIII** foi obtido sob a forma de cristais castanho-avermelhados; m. p.229-230 °C. Vis λ_{max} (MeOH) nm: 415, UV λ_{max} (MeOH) nm: 245, 285; IR v_{max} (KBr) cm^{-1}: 3500 (-OH), 1675, 1650, 1630 (- C=O), 1594, 1585 (C=C aromático); MS: m/z 300 (M^+). O composto foi identificado como pseudopurpurina com base nos valores da literatura.

Como o vermelho é uma cor muito procurada entre os tecidos tingidos, também foi produzido pelo extrato de flores de *Delonix regia*, tendo sido obtidas diferentes tonalidades (Vankar e Shanker, 2009).

No presente estudo, diferentes enzimas (protease, amilase, xilanase, pectinase, fitase) foram utilizadas eficientemente com o corante Rubia, utilizando processos simultâneos e de dois passos, ambos os processos foram desenvolvidos para facilitar a sua utilização industrial. O principal destaque deste estudo é o tingimento à temperatura ambiente, o baixo consumo de energia e o processo enzimático amigo do ambiente.

CAPÍTULO 2

Experimental

Materiais

Seda pura - A seda munga de tecido GSM-45 foi lavada com uma solução contendo 0,5 g/L de carbonato de sódio e 2 g/L de solução de detergente não iónico (Labolene) a 40-45°C durante 30 minutos, mantendo a relação material/licor em 1:50. O material raspado foi cuidadosamente lavado com água da torneira e seco ao ar à temperatura ambiente. O material raspado foi embebido em água limpa antes do tingimento ou da mordedura. As enzimas (protease, amilase, xilanase, pectinase e fitase) foram adquiridas à TFF Speciality Chemicals, Kanpur. O alúmen como mordente metálico foi adquirido à SD Fine Chemicals, Kanpur.

Material de tingimento

Os pedaços de caule laranja claro foram triturados até se tornarem pó. Foi preparado um extrato bruto. O pó seco e moído 30 g foi embebido em água suficiente 150 mL a 70-75 °C durante 1,5 horas. Após a extração, o extrato foi filtrado através de papel de filtro normal e o filtrado foi recolhido, tendo a absorvância sido registada para determinação da concentração. Rácio massa/líquor: 30 g em 150 mL a 70 °C durante 1,5 horas.

Análise espectroscópica e cromatográfica do extrato

A presença de corante e a sua natureza química foram determinadas por análise espectroscópica e cromatográfica do extrato de corante.

UV-

A análise **visível** do extrato aquoso de Rubia foi realizada no espetrofotómetro Thermo Heλios modelo α com uma resolução de 1 nm. A análise de espetroscopia de infravermelhos com transformada de Fourier **(FT-IR)** do extrato de diclorometano foi realizada no modelo Vertex 70 da Bruker. A cromatografia líquida de alta pressão (**HPLC)** foi efectuada em metanol: Água (80:20) numa coluna C18 com um caudal de 1mL em Waters HPLC.

Instrumentos utilizados para a análise e o ensaio de solidez das amostras tingidas

O corante de Rubia extraído foi analisado através do espetrofotómetro UV-Visível (Heλios α Thermo Electron

Corporation

Espectrofotómetro). A resistência à luz do tecido tingido foi verificada pelo Xenoster. A resistência à lavagem dos tecidos tingidos foi testada utilizando o equipamento Thermolab. A resistência à transpiração do tecido tingido foi investigada com recurso a um Perspirómetro da Sashmira. A resistência à fricção do tecido tingido foi quantificada utilizando um medidor Crock da Ravindra Engg. O sistema de correspondência de cores baseou-se na medição da reflectância dos tecidos tingidos com um espetrofotómetro Premier Colourscan.

CAPÍTULO 3

Métodos

Tingimento

O objetivo deste estudo foi descobrir a utilização de enzimas para o tingimento de seda com corante natural de rubia e para substituir mordentes metálicos. Para comparar o efeito de diferentes enzimas e para verificar a adequação do corante/enzima e para a avaliação de melhores resultados de tingimento, foram adoptadas duas estratégias diferentes, ou seja, a) Processo de uma etapa com meta-mordente/ mordente simultâneo. Foi efectuado um tingimento comum para o processo de tingimento de uma etapa (tingimento simultâneo) utilizando enzimas como a protease, a amilase, a xilanase, a pectinase e a fitase (1% p/p em relação ao peso do tecido) ou um mordente metálico (2%) no banho de tingimento, tal como demonstrado por (Vankar *et al.*, 2007). O tecido de seda raspado foi então adicionado a este banho juntamente com o extrato de Rubia (30%, p/p em relação ao peso do tecido). O tempo de tingimento foi de 3 horas a uma temperatura de 3040 °C.

b) Processo de duas etapas com pré-moldagem seguida de

tingimento - O tingimento foi efectuado por um processo de tingimento por etapas utilizando enzimas tais como Protease, Amilase, Xilanase, Pectinase e Fitase. 1% w/w do tecido) como demonstrado por (Vankar *et al.*, 2007) e (Vankar *et al.*, 2008) (Vankar e Shanker, 2008). Foram efectuadas experiências semelhantes para o metal mordente-alúmen e comparação de amostras tingidas com amostras tratadas com enzimas.

O tingimento a frio ou a temperatura ambiente é o ponto alto deste trabalho. O tecido de seda pré-tratado foi utilizado para tingir com extrato de Rubia (30% p/p em relação ao peso do tecido). O tempo de tingimento foi de 3 horas a uma temperatura de 30-40 °C. O tingimento também foi efectuado para a peça de seda com mordente metálico (na proporção de 2% de mordente, p/p em relação ao tecido) de forma semelhante, mantendo o mesmo tempo e temperatura de tingimento.

Fixação de corantes

Os tecidos tingidos derivados de todos os processos acima mencionados foram mergulhados durante 15 minutos numa solução de fixação de corantes que consiste numa solução saturada de cloreto de sódio (2% p/p em relação ao tecido) e depois enxaguados cuidadosamente em água da torneira, antes de serem deixados a secar ao ar livre.

CAPÍTULO 4

Medições e análises

Medições de cor

A intensidade relativa da cor dos tecidos tingidos, expressa em K/S, foi medida pela técnica da reflectância da luz, utilizando a equação de Kubelka-Munk (Kubelka, 1948) (Kubelka, 1954). A reflectância dos tecidos tingidos foi medida num Premier Colourscan.

$$K/S = (1-R)^{(2)}/2R$$

Onde K é o coeficiente de absorção da luz, R é a reflectância do tecido tingido e S é o coeficiente de dispersão. Os valores da coordenada de cor foram determinados para todas as amostras aqui investigadas.

Teste de solidez

As amostras tingidas foram testadas de acordo com os métodos normalizados indianos (Indian Standards Institution, 1982). Os testes específicos foram: solidez da cor à luz, IS-2454-85, solidez da cor à fricção, IS-766-88, solidez da cor à lavagem; IS-687-79, e solidez da cor à transpiração, IS-971-83.

Resultados e discussão

Embora o conceito de mordedura natural/biológica não seja novo, a falta de registos de investigação bem documentados sobre a sua aplicação minimiza o seu papel nos têxteis naturais em tempo real.

Espectro UV-Visível de *Rubia cordifolia*

O espetro visível do extrato de Rubia mostra picos na região de 398 nm (0,801) e 426 nm (0,838), como se mostra na Fig. 1. Foram observados dois picos aparentes nesta região, indicando a presença de alizarina e manjistina.

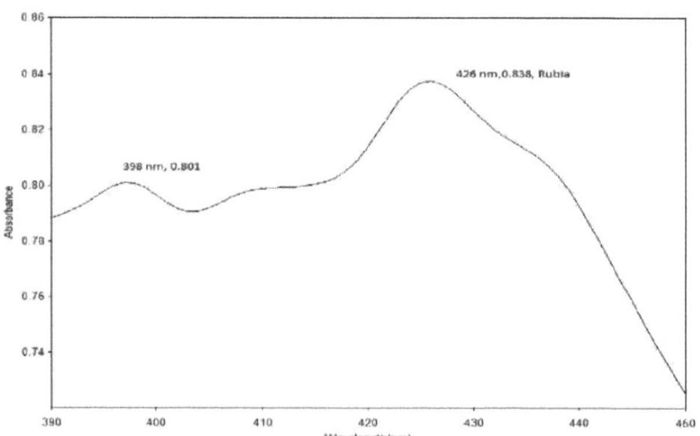

Figura -1 Espectro UV-Visível do corante Rubia

FT-IR do extrato de tintura de Rubia

O FT-IR do extrato de diclorometano da tintura de Rubia mostrou (fig. 2) um pico muito intenso a 3490 cm^{-1} que indica a presença de vários grupos hidroxilo, principalmente devido ao estiramento -OH. As bandas de absorção a 1710 e 1640 cm^{-1} são devidas ao grupo carbonilo em conjugação com o anel aromático. A 1260 cm^{-1} encontra-se a banda correspondente ao grupo fenólico C-O.

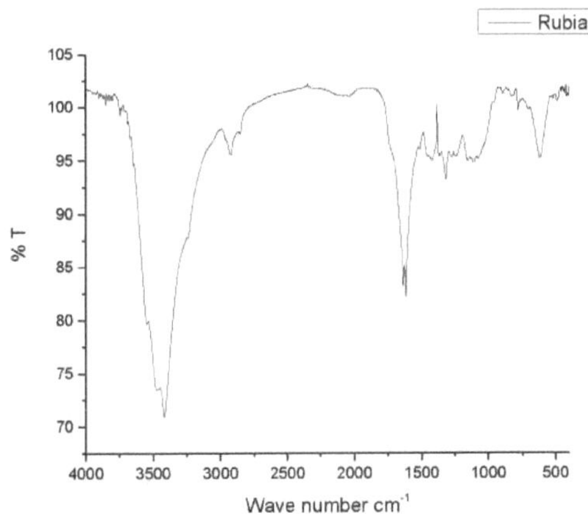

Figura -2 FT-IR da tintura de Rubia

HPLC do extrato de Rubia

A HPLC do extrato de rubia mostrou a separação de antroquinonas como apresentado na Fig. 3. Como demonstrado, foi possível obter uma separação eficiente de dois compostos principais em 15 minutos.

Presumiu-se que se tratava de alizarina e manjistina.

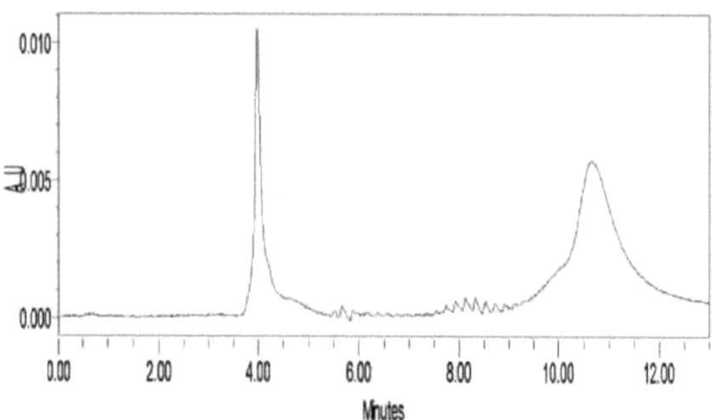

Figura -3 HPLC do corante Rubia

Mordenteamento/Pré-tratamento com enzimas

As condições de tratamento das enzimas utilizadas são indicadas no quadro I. Após o tratamento, todas as amostras de seda foram espremidas e secas à sombra.

Quadro I Condições de tratamento enzimático utilizadas na seda antes do tingimento

Enzyme	Concentration (g/L)	Treatment Time (min)	pH	Temperature (^{0}C)
Pectinase	1	60	8.5	35
Amylase	1	60	7.0	40
Protease	1	60	8.0	40
Phytase	1	60	8.5	40
Xylanase	1	60	8.5	40

Avaliação de tecidos tingidos tratados com enzimas para alteração do K/S e da intensidade da cor

Na tabela II, os resultados dos valores de K/S e da coordenada de cor foram apresentados para os tecidos de seda tingidos com Rubia tratados com diferentes enzimas em lotes na ordem de 0-6 como Controlo (Padrão), Protease, Amilase, Xilanase, Pectinase, respetivamente. Intensidade da cor medida pela medição da cor do tecido tingido tingido utilizando uma máquina de scanner de cores. Verificou-se que

que, no processo de tingimento de uma etapa, a Protease foi a melhor opção. A ordem de reatividade das enzimas no processo processo de uma etapa observada foi Protease> Fitase> Xilanase>Amilase>Pectinase, como como mostra a tabela II. Da mesma forma, para o processo de tingimento em duas etapas de duas etapas, as enzimas protease e amilase foram as melhores opções. A ordem de reatividade das enzimas no processo de duas etapas observada foi a seguinte Protease>Amilase > Xilanase= Pectinase> Fitase. A Figura 4 e a Tabela II mostram os valores valores colorimétricos do tecido de seda tingido com

Rubia após pré-tratamento com diferentes enzimas e alúmen mordente para o método simultâneo. O tingimento de um passo e de dois passos com diferentes diferentes pré-tratamentos, provocaram uma mudança de tonalidade laranja claro a vermelho tijolo, como se pode ver na Figura 5. É possível obter tonalidades de cor variadas pré-moldagem da seda, as diferentes enzimas e

e o mordente não só causam diferenças na cor da tonalidade

mas também produzem alterações significativas nos valores K/S.

Os valores CIE L* a e b também registam pequenas alterações

devido ao tratamento enzimático. Os melhores valores são

obtidos para Protease e alúmen mordente em duas

duas etapas. De um modo geral, pode concluir-se que, nos

resultados dos tratamentos enzimáticos, o processo de duas

O processo de duas fases foi melhor em termos de valores K/S

mais elevados,

Valores de coordenadas de cor e capacidade de aderência do corante. Os processos de tingimento com protease e alúmen numa etapa (simulado) e em duas etapas (pré-tratamento e depois tingimento), respetivamente, apresentam resultados semelhantes. As amostras mostraram uma melhor absorção do corante do que o controlo (não tratado, Lote-0), como demonstrado pelo aumento do valor K/S e da cor. Inicialmente, o controlo apresentava um valor K/S mais elevado devido à aderência superficial do corante, mas uma lavagem com água da torneira revelou valores K/S e cor muito mais baixos.

Figura 4 Tonalidades de cor dos tecidos de seda tingidos pelo método simultâneo

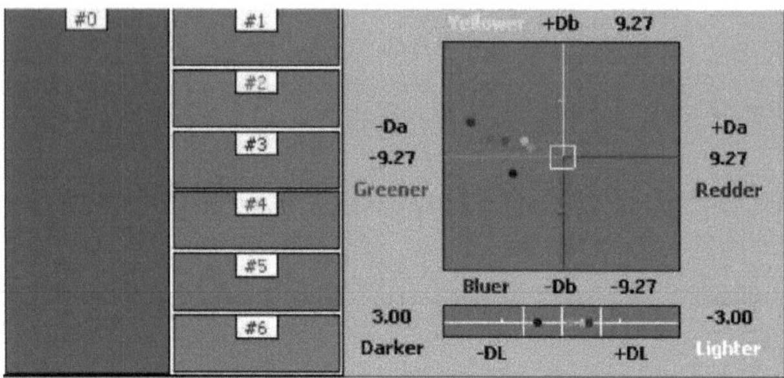

Tabela II Valores CIE Lab da seda tingida por *Rubia* num só passo (simultaneamente mordente e tingida)

Parameters	Control	Protease	Amylase	Xylanase	Pectinase	Phytase
L^*	48.313	47.290	48.036	48.392	48.392	48.126
a*	25.907	25.744	25.735	24.460	24.143	23.975
b*	26.725	24.349	26.083	27.379	26.917	26.305
C*	37.221	35.435	36.642	36.714	36.158	35.591
H*	45.872	43.387	45.367	48.203	48.090	47.634
K/S(before wash)	62.7991	54.2717	53.5153	46.9188	46.0426	44.3651
K/S (after wash)	38.223	54.012	53.236	46.786	45.985	44.012

Figura 5 Tonalidades de cor dos tecidos de seda tingidos pelo método das duas fases

Parameters	Control	Protease	Amylase	Xylanase	Pectinase	Phytase
L*	49.361	49.562	49.933	48.728	49.935	49.890
A*	24.931	22.427	19.305	21.059	20.388	21.943
B*	26.596	27.376	28.132	25.223	27.999	27.905
C*	36.454	35.389	34.119	32.859	34.635	35.499
H*	46.832	50.655	55.519	50.121	53.917	51.800
K/S(before wash)	58.076	39.178	35.866	33.551	36.779	38.628
K/S (after wash)	40.134	60.168	65.400	63.108	62.670	58.524

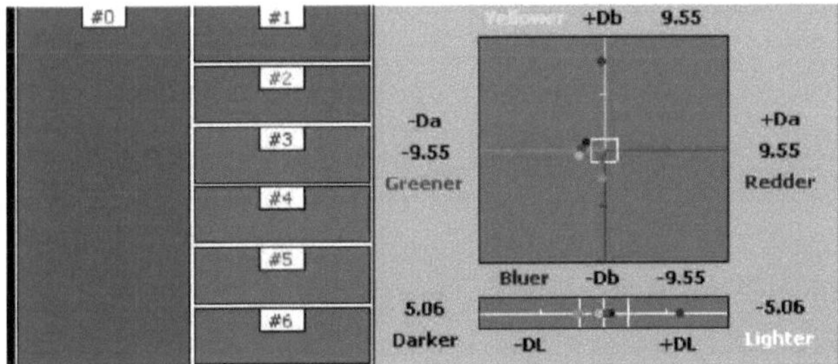

Tabela III Valores CIE Lab da seda tingida por Rubia em duas etapas (pré-tingida e depois tingida)

Quadro IV Propriedades de solidez do tecido de seda tingido com corante Rubia e enzimas numa única etapa

Dyeing methods	Wash–perspiration–rubbing–light					
	WF	Per_{acidic}	Per_{basic}	Rub_{dry}	Rub_{wet}	LF
Silk	3	3	2-3	3	2-3	3

Dyeing methods	Wash–perspiration–rubbing–light					
	WF	Per_{acidic}	Per_{basic}	Rub_{dry}	Rub_{wet}	LF
(control)						
Silk(Protease)	5	4-5	4-5	4-5	4-5	4-5
Silk(Amylase)	4-5	4-5	4-5	4-5	4-5	4-5
Silk(Xylanase)	4	4	4	4	4	4-5
Silk (Pectinase)	4-5	4	4	4	4	4
Silk (Phytase)	4	4	4	4	4	4
Silk (	4	4	4	4	4	4

Dyeing methods	Wash–perspiration–rubbing–light					
	WF	**Per$_{acidic}$**	**Per$_{basic}$**	**Rub$_{dry}$**	**Rub$_{wet}$**	**LF**
Alum)						

Quadro V Propriedades de solidez do tecido de seda tingido com corante Rubia e enzimas em duas fases

Dyeing methods	Wash–perspiration–rubbing–light					
	WF	**Per$_{acidic}$**	**Per$_{basic}$**	**Rub$_{dry}$**	**Rub$_{wet}$**	**LF**
Silk (control)	3	2-3	2-3	3	2-3	3
Silk(Protease)	5	5	4-5	5	4-5	5
Silk(	4-5	4-5	4-5	4-5	4-5	4-

Dyeing methods	**Wash–perspiration–rubbing–light**					
	WF	**Per$_{acidic}$**	**Per$_{basic}$**	**Rub$_{dry}$**	**Rub$_{wet}$**	**LF**
Amylase)						5
Silk(Xylanase)	4	4	4	4	4	4-5
Silk (Pectinase)	4-5	4	4	4	4	4
Silk (Phytase)	4	4	4	4	4	4
Silk (Alum)	4-5	4-5	4-5	4-5	4-5	4

Os quadros IV e V apresentam as propriedades de solidez do processo de tingimento de uma e duas etapas de amostras de seda tingidas com enzimas e mordente de alúmen. A ordem de reatividade das enzimas no processo simultâneo

processo simultâneo foi a seguinte: Protease> Fitase> Xilanase>Amilase>Pectinase Do mesmo modo para o processo de tingimento em duas

processo de tingimento em duas etapas. A ordem de reatividade das enzimas no processo de duas etapas observada foi

Protease>Amilase > Xilanase= Pectinase> Fitase. Isto mostra claramente que a Protease é a enzima escolhida para o extrato de caule de Rubia em ambos os simultâneo e em duas etapas para o tecido de seda tecido de seda. Foi efectuada outra experiência onde o tratamento enzimático do tecido de seda foi efectuado seda foi efectuado aumentando a temperatura do banho de tinta de 30° C para 70° C com o objetivo de desnaturar a enzima. Neste caso, observou-se uma fraca desnaturação da enzima a altas temperaturas. temperatura. Assim, o papel da enzima em ambos os demonstrou fixar as moléculas de corante na superfície da moléculas de corante na superfície da fibra, o que não foi observada no caso da amostra de controlo (sem tratamento enzimático) ou no caso em que foi utilizada enzima desnaturada. Este processo tem também a vantagem vantagem de que o tingimento à temperatura ambiente poupa muita de energia, o que é muito desejado em qualquer processo industrial. As enzimas são adsorvidas por virtude de várias forças de atração iónicas e não iónicas

iónicas e não iónicas de atração sobre o tecido de seda através de

de hidrogénio, interações dipolo-dipolo e

forças electrostáticas. Como as fibras de seda contêm

principalmente

materiais proteicos, amidos e pectinas como

materiais de ligação, as enzimas

enzimas disponíveis no mercado, incluindo a protease, a amilase e

a

pectinase foram utilizadas para soltar o material

material circundante, levando a uma melhor absorção do corante

de moléculas de corante em condições mais suaves no

tecido. O complexo enzima-corante assim formado na

superfície do tecido de seda tingido actua como uma barreira

para não deixar que o corante seja lavado. A

A razão provável para a superioridade do processo de tingimento

em duas fases

de duas etapas sobre o processo de uma etapa pode ser

devido ao facto de o tratamento sequencial do tecido de seda

seda pode estar a resultar na formação de grandes
tamanho molecular e complexo de baixa solubilidade em água
na superfície do tecido de seda. Os resultados
obtidos com o tratamento enzimático da protease em tecidos de
seda
seda seguem a tendência demonstrada por
(Riva *et al.*, 1999), em que se observou uma melhor
tingimento das fibras de lã tratadas enzimaticamente.
tratadas enzimaticamente.

Os resultados das propriedades de solidez da seda tingida por diferentes enzimas revelaram a superioridade da Protease em comparação com as outras enzimas, tanto nos processos de tingimento de uma como de duas etapas, como se pode ver nos quadros IV e V, respetivamente.

CAPÍTULO 5

Conclusão

Este é o primeiro relatório onde o extrato de caule de Rubia foi mostrado como uma fonte de corante natural usado em conjunto com enzimas. A inovação mais importante é o desenvolvimento do tingimento a baixa temperatura (temperatura ambiente). As experiências acima referidas mostraram que o tratamento enzimático pode produzir uma boa intensidade de cor no tecido de seda utilizando a Rubia como fonte de corante e tem um bom potencial para o tingimento comercial. Trata-se de um corante não tóxico. A utilização de enzimas foi uma tentativa deliberada de evitar a mordedura de metais no tingimento da seda, uma vez que tornaria o tingimento de têxteis mais amigo do ambiente. A ordem de reatividade das enzimas num processo de uma etapa foi a seguinte: Protease > Fitase > Xilanase > Amilase > Pectinase. Do mesmo modo, para o processo de tingimento em duas etapas, a ordem de reatividade das enzimas no processo em duas etapas foi Protease>Amilase> Xilanase= Pectinase>

Fitase. A enzima protease foi a melhor opção em

em ambos os casos.

De um modo geral, pode concluir-se que, no caso do tratamento enzimático , o processo em duas fases foi melhor em termos de valores K/S mais elevados, valores de coordenadas de cor e aderência do corante. Foi demonstrado que as enzimas - Protease e Amilase - dão resultados comparáveis com amostras com mordente metálico e, por conseguinte, são adequadas para o tingimento industrial de seda. As propriedades de solidez também mostram a mesma tendência. Em qualquer tinturaria, este processo pode ser facilmente adaptado a uma máquina de tingimento, a um guincho ou mesmo a uma máquina de enchimento contínuo. Embora se possa sugerir que, se uma indústria puder desenvolver uma máquina de enchimento contínuo em sequência de uma para mordente e outra para tingimento, a

o efeito global será muito apreciável.

Referências

Araujo, R., Casal, M. e Cavaco-Paulo, A. (2008) "Application of enzymes for textile fibres processing", *Biocatalysis and Biotransformation*, Vol.26 No.5, pp. 332349.

Battan, B., Dhiman, S.S., Ahlawat, S., Mahajan, R. e Sharma, J. (2012) "Application of thermostable xylanase of Bacillus pumilus in textile processing", *Indian journal of microbiology*, Vol.52 No.2, pp. 222-229.

Bulut, M. O., Baydar, H. e Akar, E. (2013) "Ecofriendly natural dyeing of woollen yarn

utilizando mordentes com pré-tratamentos enzimáticos", *The Journal of The Textile Institute,* Vol.105 No.5, pp. 559-568.

Cui, L., Wang, P., Wang, Q. e Fan, X. (2009) "The bioscouring efficiency and activity of alkaline pectinase for cotton fabric", *Fibers and Polymers*, Vol.10 No.4, pp. 476-480.

Fakin, D., Golobm, V. e Stana-Kleinschek, K. (2006) "Influence of Enzymatic Pretreatment on the Colours of

Bleached and Dyed Flax Fibres" *Journal of natural fibers*, Vol.3 No.2-3, pp. 69-81.

Hebeish, A., Hashem, M., Shaker, N., Ramadan, M., El-Sadek, B. e Hady, M. A. (2009) "Effect of post-and pre-crosslinking of cotton

tecidos sobre a eficiência do bioacabamento com enzima celulase", *Carbohydrate Polymers*, Vol.78 No.4, pp. 953-960.

Indian Standards Institution, B. (1982) *Handbook of Textile Testing, Manak Bhawan, Nova Deli*, n.º 539, 550 (553), p. 569.

Klug-Santner, B.G., Schnitzhofer, W., Vrsanska, M., Weber, J., Agrawal, P. B., Nierstrasz, V. A. e Guebitz, G. M. (2006) "Purification and characterization of a new bioscouring pectate lyase from Bacillus pumilus BK2", *Journal of biotechnology*, Vol.121 No.3, pp. 390-401.

Kubelka, P. (1948) New Contributions to the Optics of Intensely Light-Scattering Materials. Part I", *Journal of the Optical*

Society of America, Vol.38 No.5, pp. 448457.

Kubelka, P. (1954) New Contributions to the Optics of Intensely Light-Scattering Materials. Part II: Nonhomogeneous Layers", *Journal of the Optical Society of America*, Vol.44 No.4, pp. 330-334.

Nazari, A., Montazer, M., Afzali, F. e Sheibani, A. (2014) "Otimização do pré-tratamento de proteases no tingimento natural de lã utilizando a metodologia de superfície de resposta", *Tecnologias Limpas e Política Ambiental*, Vol.16 No.6,pp. 1081-1093.

Onar, N. e Sarn§ik, M. (2005) "Use of

enzimas e biopolímero de quitosano no tingimento de lã", *Fibres & Textiles in Eastern Europe*.

Popescu, A. , Chirila, L. , Ghituleasa, C. P., Hulea, C. , Vamesu, M. (2016)" Influência de pré-tratamentos enzimáticos no tingimento natural de substratos proteicos", *Anais do fascículo da Universidade de Oradea de Têxteis, Couro*, Vol. Art20, pp 2083-2088.

Riva, A., Alsina, J. M. e Prieto, R. (1999) "Enzymes as auxiliary agents in wool dyeing", *Colouration Technology*, Vol.115 No.4, pp. 125-129.

Samantaa, A. K. e Agarwal, P. (2009) "Application of natural dyes on textiles" (Aplicação de corantes naturais em têxteis),

Indian Journal of Fibre & Textile Research , Vol.34, pp. 384-399.

Shafie, A. E., Fouda, M. M. G. e Hashem, M. (2009) "One-step process for bio-scouring and peracetic acid bleaching of cotton fabric", *Carbohydrate Polymers*, Vol.78 No.2, pp. 302-308.

Shahid, M. e Mohammad, F. (2013) "Recent advancements in natural dye applications: a review", *Journal of Cleaner Production*, Vol.53, pp. 310-331.

Tsatsaroni, E., Liakopoulou-Kyriakides, M. e Eleftheriadis, I. (1998) "Estudo comparativo das propriedades de tingimento de dois corantes naturais amarelos pigmentos-Efeito de enzimas e proteínas", *Dyes and Pigments*, Vol.37 No.4, pp. 307315.

Vankar, P. S. e Shanker, R. (2008) "Ecofriendly ultrasonic natural dyeing of cotton fabric with enzyme pretreatments", *Desalination*, Vol.230 No.1-3, pp. 62-69.

Vankar, P. S. e Shanker, R. (2009) "Ecofriendly pretreatment of silk fabric for dyeing with Delonix regia extract", *Colouration Technology*, Vol.125 No.3, pp. 155-160.

Vankar, P. S., Shanker, R., Mahanta, D. e Tiwari, S. C. (2008) "Ecofriendly sonicator dyeing of cotton with Rubia cordifolia Linn. using biomordant", *Dyes and Pigments*, Vol.76 No.1,pp. 207-212.

Vankar, P. S., Shanker, R. e Verma, A. (2007) "Enzymatic natural dyeing of cotton and silk fabrics without metal mordants", *Journal of Cleaner Production*, Vol.15 No.15, pp. 1441-1450.

Wavhal, S. D. e Balasubramanya, R. H. (2011) "Role of Biotechnology in the Treatment of Polyester Fabric",

Indian Journal of Microbiology, Vol.51 No.2, pp. 117-123.

Zhang, R.-p., Cai, Z.-s., Zhu, H., Yu, B.-l. e Chen, H.-j. (2011) "Influências da enzima no desempenho do tingimento de lã com pigmento natural sappanwood", *Wool Textile Journal*,

Vol.12,p. 002.

Sobre os autores:

Dr. Padma Shree Vankar

Professor e Diretor do Departamento de Química

Instituto de Tecnologia de Maharashtra - Mundo

Universidade da Paz (MIT- WPU)

Kothrud, Pune- 411038, Índia.

Correio eletrónico: padma.vankar@gmail.com

Dr. Dhara Shukla

Investigador Associado Sénior

Instituto Indiano de Tecnologia, Kanpur- 208016,

Índia

Correio eletrónico: dhara.shukla19@gmail.com

Conteúdo

Printed by Books on Demand GmbH, Norderstedt / Germany